启航篇

无处不在的数字

这不科学啊　著

中信出版集团｜北京

图书在版编目（CIP）数据

无处不在的数字 / 这不科学啊著 . -- 北京：中信
出版社 , 2022.8
（米吴科学漫话 . 启航篇）
ISBN 978-7-5217-4407-1

Ⅰ.①无… Ⅱ.①这… Ⅲ.①数学－青少年读物
Ⅳ.① O1-49

中国版本图书馆 CIP 数据核字 (2022) 第 078049 号

无处不在的数字
（米吴科学漫话 · 启航篇）
著者： 这不科学啊
出版发行：中信出版集团股份有限公司
（北京市朝阳区惠新东街甲 4 号富盛大厦 2 座 邮编 100029）
承印者： 北京尚唐印刷包装有限公司

开本：787mm×1092mm 1/16　　　　印张：45　　　字数：565 千字
版次：2022 年 8 月第 1 版　　　　　　印次：2022 年 8 月第 1 次印刷
书号：ISBN 978-7-5217-4407-1
定价：228.00 元（全 6 册）

目录

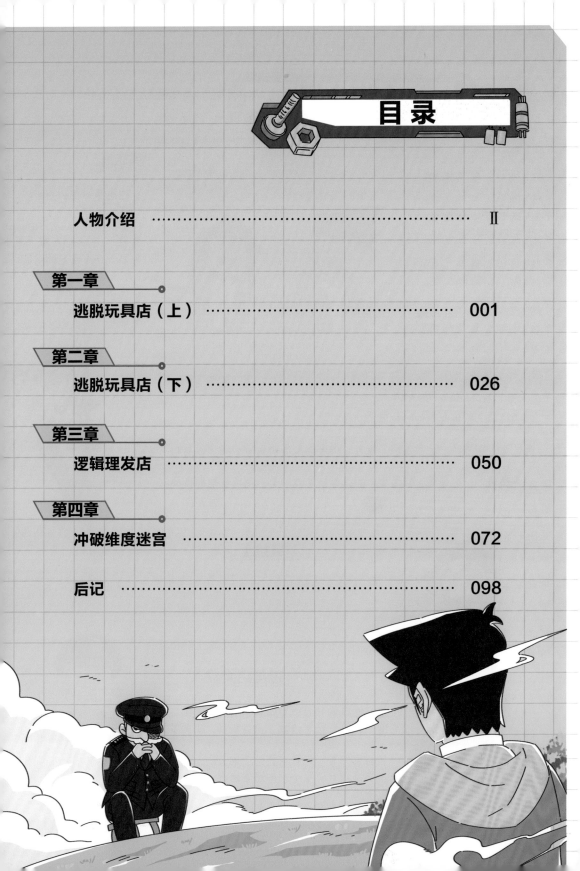

人物介绍

米吴

头脑聪明, 爱探索和思考的少年。

性情较为温和, 生性懒散, 喜欢睡觉。

获得科学之印后被激发了探索真理和研究科学的热情。

安可霏

喜欢浪漫幻想的女生。

经常与米吴争吵, 但心地善良, 内心戏丰富, 是个科学小白, 有乌鸦嘴属性。

喜欢画画, 经常拿着一个画板。画得还不错, 但风格抽象, 别人难以欣赏。

胖尼狗

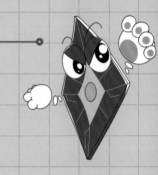

伴随科学之印出现的神秘机器人, 平时藏在米吴的耳机中。

胖尼有查询资料、全息投影等能力, 但要靠米吴的科学之印才能启动。

随着科学之印的填充, 胖尼会不断获得新零件, 最后拼成完整的身体。

拨拉土

痴迷于逻辑的理发店老板, 只愿意给头脑有逻辑的人剪头发。

玩具店大叔

曾经在商场开过大型玩具店的大叔, 喜欢孩子, 经常给孩子们送玩具、讲故事。

因经营不善, 玩具店转给了别人, 并在旁边开了家小小的密室逃脱。

他在密室逃脱的剧情中扮演将军的角色, 希望教导孩子们团结和谦让等品德。

01 | 第一章
逃脱玩具店（上）

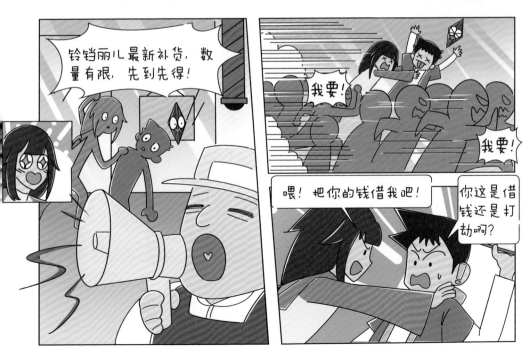

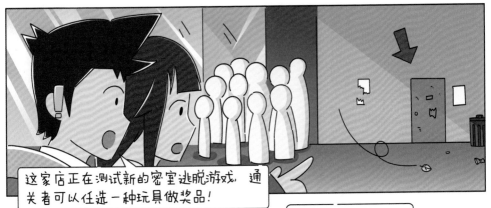

这家店正在测试新的密室逃脱游戏，通关者可以任选一种玩具做奖品！

看你们天资聪颖，勇于探索，值得拥有内测资格！

好啊好啊！

测试资格一人49元。

啊？要钱的啊……

那是我的手机！

到账 98 元。

加上我的钱，刚好够！

祝你们好运！

好嘞！走起！

温良

罗森

唉？你们怎么也在？

砰！

门自己关了！

灯光熄灭

测试启动

哇！好像有点儿刺激呀！

太棒了！

好棒！

这么大声，想被外星人发现吗？

叮叮叮……

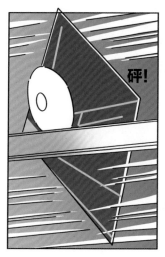

鸡兔同笼问题！

经过我的计算，外面应该有12个爬行种和23个直行种外星人！

米吴，你不会是瞎猜的吧！

确定吗？如果算错，我冲出去大家都会完蛋！

我用简单的办法算给你们看。

比刚才少了（94-70＝）24 只脚，
每个爬行种有 2 只脚站起来。

也就是说有（24÷2=）12 个
爬行种站了起来。

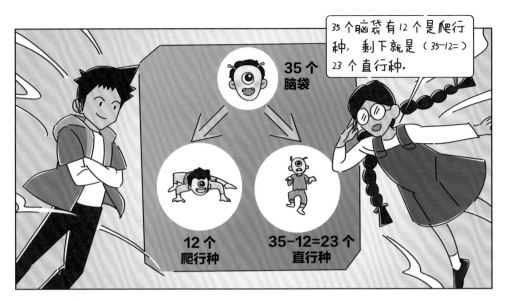

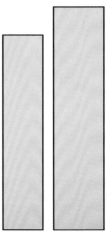

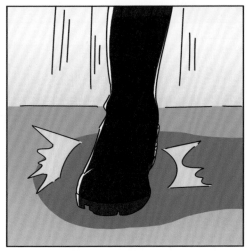

我们……只能这么看着吗?

可恶, 这游戏怎么不让我们拿武器!

不然看我怎么打爆它们!

其实问题好像已经提出来了……

可我们无从下手呀……

你是说, 行动士兵的人数?

未完待续

021

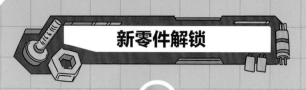

新零件解锁

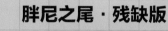

科学之印的进度又增加了！

胖尼之尾·残缺版
——尾巴尺子能测量物体的长度和角度

- 自动伸缩
- 多长都能测量
- 能测量角度、面积和体积

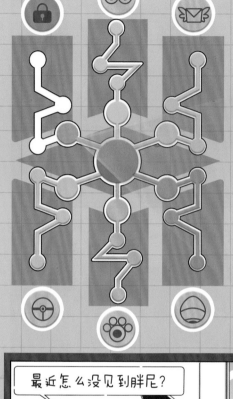

最近怎么没见到胖尼？

我让它去测量地球周长了。

出了点儿故障，它正在进行收尾工作。

还有 33396 千米就到家了……

在做"收尾工作"的胖尼

华罗庚

1910—1985

中国现代数学家，解析数论、矩阵几何学、典型群、自守函数论等多领域研究的开创者，国际上以他命名的数学科研成果有"华氏定理""华氏不等式""华—王方法"等，是中国在世界上最具影响力的数学家之一，被誉为"中国现代数学之父"。

科学家档案

2022.6

可霏的生日挑战（上）

今天是可霏的生日，她邀请了许多同学中午来家吃饭。米吴答应早点起来帮可霏张罗准备，但酷爱睡觉的他又起晚了……

最短采购路线

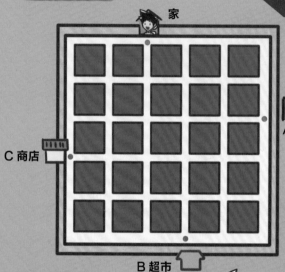

米吴需要从家出发，依次去 A、B、C 三个地方采购物品再回到家中。因时间紧迫，他得以最短的路线完成这次采购之旅，他应该如何规划路线呢？

高效逛市场

米吴来到 A 市场购物，他需要从大门口出发把每条路（黄色）都走一遍再回到门口，但为了提高效率，他希望可以一次性走完，中间不要折返，也不要走重复的路，他应该如何规划路线呢？

市场大门口
（出发 / 返回点）

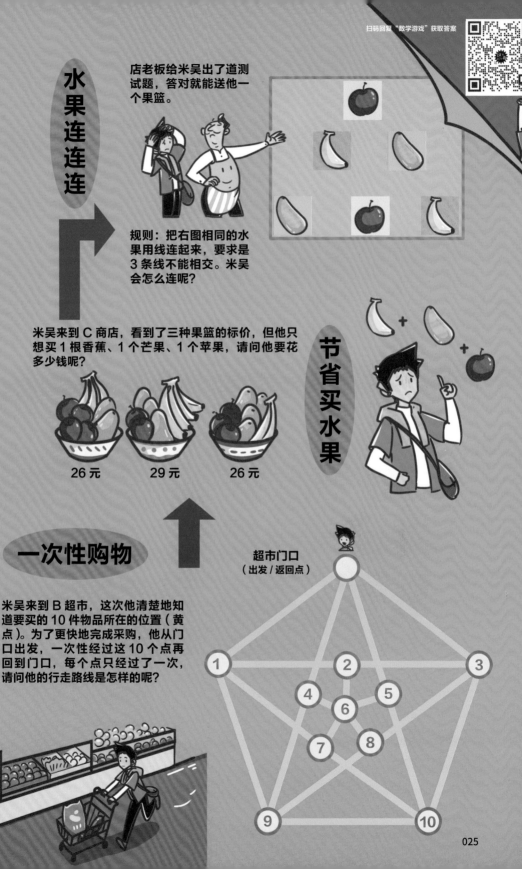

水果连连连

店老板给米吴出了道测试题，答对就能送他一个果篮。

规则：把右图相同的水果用线连起来，要求是3条线不能相交。米吴会怎么连呢？

节省买水果

米吴来到C商店，看到了三种果篮的标价，但他只想买1根香蕉、1个芒果、1个苹果，请问他要花多少钱呢？

26元　　　29元　　　26元

一次性购物

米吴来到B超市，这次他清楚地知道要买的10件物品所在的位置（黄点）。为了更快地完成采购，他从门口出发，一次性经过这10个点再回到门口，每个点只经过了一次，请问他的行走路线是怎样的呢？

超市门口
（出发/返回点）

1　2　3
4　5
6
7　8
9　10

02 | 第二章
逃脱玩具店（下）

浴血奋战，牺牲也光荣；抛弃同伴，活着也可耻。

西汉司马迁有云：人固有一死，或重于泰山……

我不知道……

但如果我还在某处战斗，却看到飞机弃我而去，我应该会很绝望吧。

正所谓人生自古谁无死，留取丹心……

肃静

队长以前难道是教语文的？

等等！什么多了一个？

行动前我们还在说，怎么总多一个，没想到现在就怕少一个，哈哈哈！

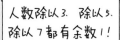

人数除以3、除以5、除以7都有余数1!

3

人数 ÷ 5

7

余1

换言之，如果再少一个人，总人数就能被3、5、7除尽。

因此先找到3、5、7的公倍数……其中最小的是 3×5×7=105。

公倍数: 3×5×7=105

再加上那个总被余下的最后一个人，就是总人数了!

总人数: 105+1=106

所以参与行动的应该就是（105+1=）106人! 都到齐了!

玩密室逃脱，罗森为什么更像女主角呢?

安可霏回合

将军回合

安可霏回合

将军回合

036

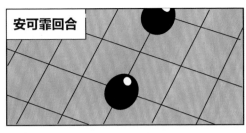

安可霏回合

你必须拿走一颗，然后我就赢了。将军！下一个！

换我来吧，反正我也赢不了。米吴、罗森，你们一定要找出他的破绽！

请吧。

温良回合

将军！

039

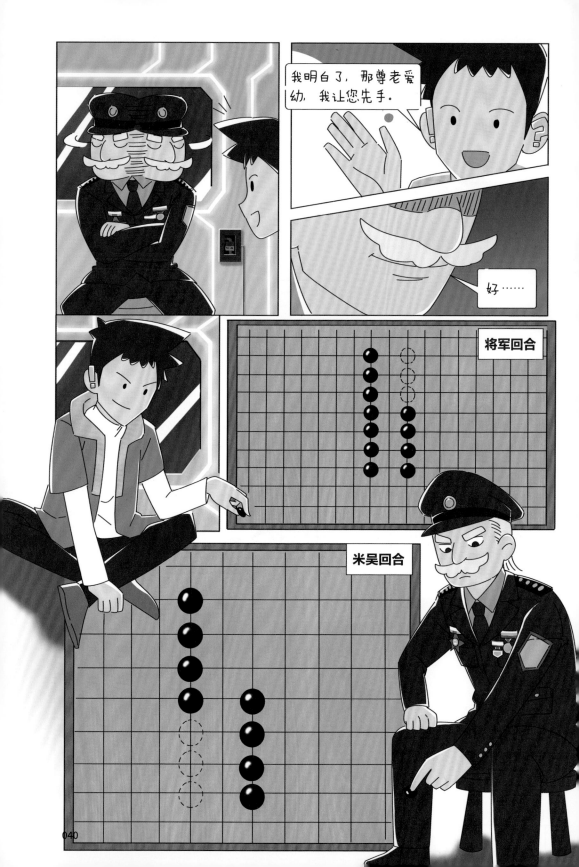

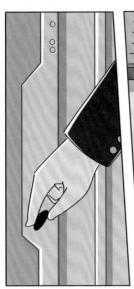

这个局势?!

将军回合

将军被将军了!

我赢了!

很好,少年。

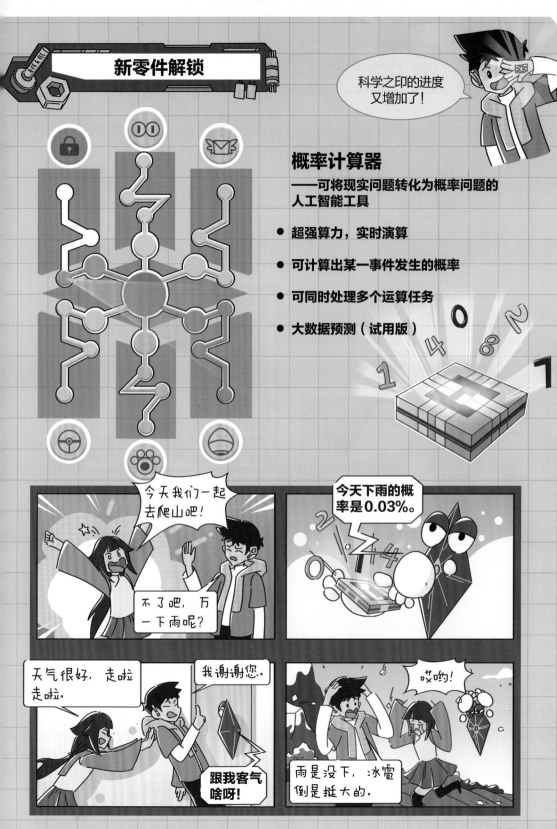

可霏的生日挑战（下）

中午同学们来到了可霏家，但此时的米吴和可霏还在厨房手忙脚乱……

可霏正准备烤蛋糕，但烤箱坏了。米吴拆卸烤箱后发现是电线的故障，他需要把同样颜色的接头（点）用电线连接起来，而且电线之间不能交叉，请问他应该如何连接呢？
（电线只能走白色道路）

无交叉电路

倍增巧克力

蛋糕切好后，温良说可以在蛋糕上放自己带的巧克力豆，而罗森提议在第一块蛋糕上放 2 粒巧克力豆，第二块放 4 粒，第三块放 8 粒……依此类推，一直放到第 11 块。

温良爽快地同意了，但米吴劝他再考虑一下，因为巧克力豆可能不够。你知道按照这种放法，一共需要多少粒巧克力豆吗？

此时客厅里一共有 8 个人，可霏让米吴先切个大西瓜招待同学，米吴只切了 3 刀就把一个大西瓜平均分成了 8 块，你知道他是怎么切的吗？

平均劈瓜法

罗森最后一个到达可霏的家中，家里一共有 11 个人。此时米吴的蛋糕也制作完成，上面正好有 11 颗草莓。

智慧切蛋糕

围城奶酪棒

吃完蛋糕后，米吴担心大家没吃饱，于是拿出一些奶酪棒。

罗森看了看蛋糕，问米吴能不能把蛋糕切成 11 份，每份上面都有一颗草莓，米吴说没问题，他只需要切 4 刀就能办到！你知道他是怎么切的吗？

罗森用奶酪棒在桌上摆了 2 个正方形，然后给米吴出题："如何只添加 4 根奶酪棒，让桌上出现 5 个正方形？"米吴该如何作答呢？

03 | 第三章
逻辑理发店

行啊，我上去找那个人对质，这样就能证明了。

你还没有证明呢，不能进去。

你想要证明就得先让我进去啊！

要进去就要证明这栋楼里有人朝你吐了口香糖！

我不进去找他我怎么证明啊？你这是什么逻辑？

不能证明就不能进去，请回吧！

算了算了，保安大哥逻辑很严密的，我来帮你把口香糖剪掉。

逻什么辑？讲逻辑就可以不讲道理吗？

公园内

我是老板拨拉土!

这家店只给有逻辑的人理发!

你有逻辑吗?

有……吧。

好,请听题!

1 所有的人都要吃饭。
+
2 你也要吃饭。
↓
3 这说明你是人。

是吗?

是……是啊。

1 那所有的猪都要喝水。
+
2 你也要喝水。
↓
3 ??

这说明什么呢?

啊?

说明……我是……猪?

啊啊啊!怎么回事?

不！

什么都不能说明！

很好，是个懂逻辑的人。

太好了！土老板，你们剪头发多少钱啊？

300元！但是有逻辑的人会打折，还有可能免费哦！

那我们快进去！

等等！

你们为什么还不进来呢？

啊？

地毯上写着不懂逻辑的人不能进去，但并没有说懂逻辑的人可以进去，这还是一个三段论陷阱！

不懂逻辑者不得入内。

＋

我有逻辑。

＊

我能进入。

你怎么猜出来的啊？我还是没搞懂。

自己慢慢想去。

你俩也别拖泥带水了，快带顾客剪头发吧！

戴水戴水！

托尼托尼！

洗头中

小姑娘，你的脑子逻辑有点儿乱，是该理一理了。

你肯定是只说谎话的那个，是不是？

哦，我可从来不说谎。

我的头发有时会很油，你知道要怎么解决吗？

哗哗

简单，不洗头就行。

啊？

不洗头就会一直油，一直油就不会"有时"油了！

哈哈

行吧，你们都是逻辑鬼才……

水进眼睛了

过了一会儿

呜呜呜……总算能剪了。

嚼

你还挺不赖，我已经很久没剪过75元的头了。

过奖！

奖的不是你吧……

嗯?!

我不能给你剪，你们走吧。

为什么？

你这头发一看就知道，是自己剪过的！我的原则是：不为给自己剪过头发的人剪头发！

我剪是因为口香糖……

不管什么原因，自己剪就是对理发师的不尊重！

吐

嗖

反弹

我是个有原则的理发师，不会破坏自己的规矩！

咦？

啊啊啊啊啊啊！！

乱吐口香糖是不对的。

我无与伦比的发型！

咔嚓咔嚓

托尼老师！

慌张

你已经打破自己的规矩了！

新零件解锁

科学之印的进度又增加了！

三维打印笔
——马良的神笔，不过是低配版

- 颜料采用环保橡胶材料，可循环利用
- 精准调节出料速度
- 手感舒适，连续画 100 个小时也不会累

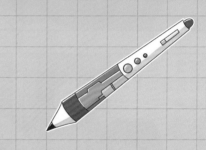

可霏准备的礼物到底藏哪儿了？

找到了！

米吴，你好丑啊！哈哈哈！

哈哈哈！

可霏的画工从没让人失望过！

· · · · · ·

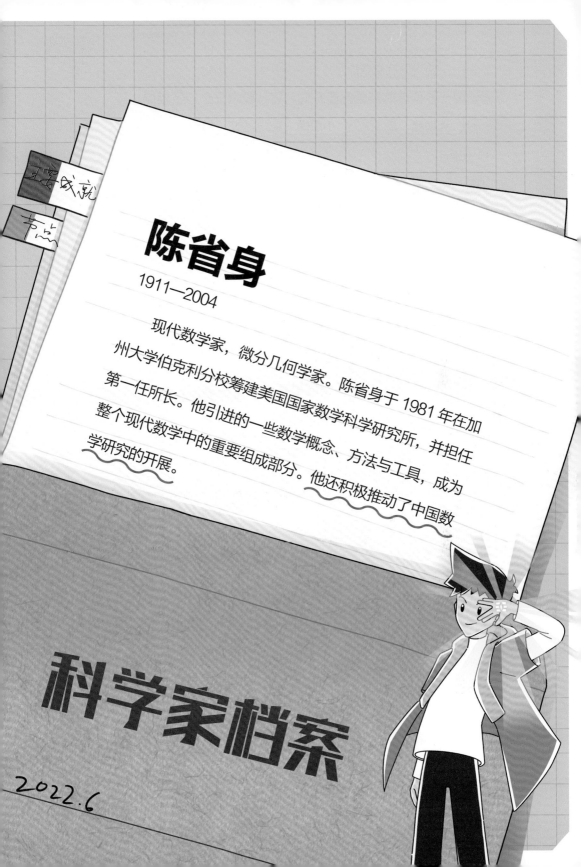

陈省身

1911—2004

现代数学家，微分几何学家。陈省身于 1981 年在加州大学伯克利分校筹建美国国家数学科学研究所，并担任第一任所长。他引进的一些数学概念、方法与工具，成为整个现代数学中的重要组成部分。他还积极推动了中国数学研究的开展。

科学家档案

2022.6

三段论

三段论是一种简单的推理判断方式，它一般由三个句子组成：

① 大前提　② 小前提　③ 结论

 +

只要两个前提都是正确的，那得出的结论就一定正确。√ + √ → √

所有的鸵鸟都不会飞。 + 甲动物园里有一只鸵鸟。 → 这只鸵鸟不会飞。

这个例子中推出的结论虽然是错误的，但它的逻辑是对的。

所有的鸵鸟都会飞。 + 甲动物园里有一只鸵鸟。 → 这只鸵鸟会飞。

以下几种情况出现了逻辑错误，看看你能不能发现。

所有的鸵鸟都不会飞。
+
米吴不会飞。
↓?
米吴是鸵鸟。

这是一种典型的三段论谬误，大小前提不能用宾语（不会飞）联系起来。

所有的鸵鸟都不会飞。
+
米吴的小名叫鸵鸟。
↓?
米吴不会飞。

虽然结论正确，但是小前提里的"鸵鸟"和大前提里的"鸵鸟"不是同一个概念，因此是不成立的。

所有的鸵鸟都不会飞。
+
鸵鸟都会跳舞。
↓?
不会飞的鸟都会跳舞。

不会飞的鸟不止鸵鸟一种，鸵鸟不能代表所有不会飞的鸟。

所有的鸵鸟都不会飞。
+
有些不会飞的鸟会吃肉。
↓?
有些鸵鸟会吃肉。

小前提说的是"有些"，而不是"所有"，这样的推论也是不成立的。

悖论

有些句子表达的意思，你如果肯定它是真的，就会推导出它是假的。

真 ⟶ 假　　　　假 ⟶ 真

这样可以同时推导或证明两个互相矛盾的命题或理论体系就叫作悖论。

■ 历史上最早发现的悖论是古希腊的"说谎者悖论"。

> 这句话是谎话。

类似的悖论还有：
下面那句话是真话，
上面那句话在说谎。
你能看出这两句话的矛盾之处吗？

你会发现，
如果这句话是真的，它就是谎话，谎话就是假的；
如果这句话是假的，它就不是谎话，那它就是真的。

■ 成语"自相矛盾"就是一个典型的悖论。

我的矛可以刺穿任何东西。

我的盾任何东西都刺不穿。

■ 历史上著名的悖论还有"理发师悖论"。

有个村庄只有一个理发师，他的规矩是：只为城里所有不给自己理发的人理发，那么他能给自己理发吗？

逻辑

知道我是怎么分辨出理发师的吗？

米吴问的问题是：
"如果我问你旁边的这位是不是理发师，他（她）会回答'是'，对吗？"
这个问题不管米吴问谁，也不管谁是说谎的人，都能辨认出真实身份，
我们可以看看下面这两种情况：

如果我问你旁边的这位是不是理发师，他（她）会回答"是"，对吗？

情况 1		情况 2	
洗头师诚实	理发师说谎	洗头师说谎	理发师诚实
否	是	否	是
反着来	反着来	反着来	反着来
旁边的不是理发师	旁边的是理发师	旁边的不是理发师	旁边的是理发师

米吴只要和他们的回答反着来，就能得到真相！

真相

04 | 第四章
冲破维度迷宫

哇!

啊啊啊!

铛!

脱手

边框好坚固! 不愧是三角形——最稳固的平面结构!

米吴!

砰!

嗡——

29:45

怎么会这样?!
它会无限复活!

那些发红光的
都是钝角?!

"以其锋锐,可破无限"
的意思,难道是要把
所有的角都变成锐
角,才可以让三
角怪物停止
复活?!

直角　钝角　锐角

90度的角是直角,大
于90度的是钝角,小
于90度的则是锐角。

锐角　锐角

你刚才一刀砍下去,
虽然将它的钝角
分成两个锐角。

嗡——

嘿!

呼

呼

有直角也不行!

啊!

得同时消灭
所有的钝角
和直角……

怎么走都走不完……

这些都属于更高维度的通道，不会连接着我们的三维世界。

没时间了！

其他建筑不见了！我们选对了，是吗？

试试这个！

啊，对！这个和门上的标志很像！

恐怕没那么简单……

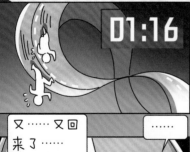

01:16

00:53

又……又回来了……

……

只剩一分多钟了，如果走不出去，就会永远被困在这里……胖尼也会消失……

不行，我想不出来！

但它也是无限的! 我们在上面走永远都走不出去!

金星比这危险多了。你记得那时我们怎么说的吗?

莫比乌斯环确实属于我们的世界! 只要用一个纸条就可以做出来了。

不到最后,

再想想! 你可是科学少年米吴呀!

这光剑你还带着呀!

"以其锋锐,可破无限"

不要放弃!

本来是想带着防身,没想到还能当荧光棒用!

我明白了!

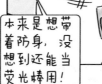

START
一无限循环

092

新零件解锁

科学之印的进度又增加了!

莫比乌斯蝴蝶结

● 除了装饰胖尼之尾，其他功能未知

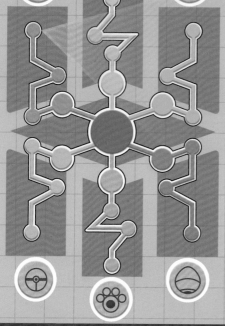

历尽千辛万苦，我终于完整了。

胖尼，这个有什么用？

我也不知道，好像没什么用。

挺好看的呀，给你系在尾巴上吧。

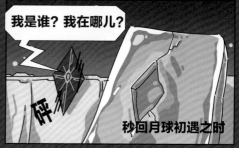

我是谁？我在哪儿？

秒回月球初遇之时

隐藏功能：时间循环？？？

陈景润

1933—1996

中国现代数学家，世界著名解析数论学家之一。1966年他证明了"每个大偶数都是一个素数及一个不超过两个素数的乘积之和"，使他在哥德巴赫猜想的研究上居世界领先地位。这一结果在国际上被誉为"陈氏定理"，受到广泛征引。

科学家档案

2022.6

维度迷宫

几何学是数学中一个专门研究"形"的分支。这是一座根据几何原理建造的维度迷宫，一起帮米吴和可霏走到出口吧！

入口

我们现在是二维的？

几何图形都是由点、线、面和体组成的。

点是构成图形的基本元素，只有位置，没有长、宽、厚，是零维的。

点移动能形成线，线有长度而无宽度和厚度，是一维的。

线移动形成面，面有长、宽而没有厚度，是二维的。

面包围着的就是体，体有长、宽、厚，是三维的。

我们人类能感受到的世界就是三维的空间，但有一些图形在三维空间中是不可能存在的，只能在二维平面中呈现。

我们变成三维的了！

克莱因瓶
没有内外之分，只有一个面的瓶子，在四维或更高维的空间中才可能真正表现出来。

彭罗斯三角形
每个角都是直角的三角形。

恶魔的音叉
"共用线条"的矛盾空间图。

彭罗斯阶梯
永远往上却不会升高的楼梯。

出口

此图受肖恩·C.杰克逊（Sean C.Jackson）作品启发

后　记

经过紧锣密鼓的持续创作，这套《米吴科学漫话·启航篇》终于赶在 2022 年暑假首次呈现给各位读者。

米吴的"这不科学啊"系列短视频持续不断地将精彩有趣的科学实验带给大家，目前已经有 3000 多万粉丝。

我们为何专注少儿科普？

对孩子而言，科学不只是必考的理科知识，更是一种认识世界的态度和思考问题的能力。从小接触科学、相信科学，可以帮助孩子养成科学的三观和逻辑思维的习惯，有助于他们能力、素质和身心全方面地成长。

因此我们创作《米吴科学漫话》，想从一个全新的角度，带给少儿读者有趣的科普故事。

我们创作的初衷很简单：让孩子喜欢，对孩子有益。

孩子天生就充满好奇心和想象力，喜欢童话和冒险。基于这种"孩子本位"的创作理念，我们在书中进行了很多创新性尝试。

有别于传统科普作品纯说教或者娱乐和科普泾渭分明的形式，我们希望能用创意将科学知识融入创设的故事情境中，让知识随着故事情节的推进，潜移默化地被读者吸收。

本书的主角之一米吴，原本是一个普通少年，但因为胖尼狗和科学之印的出现对科学产生了兴趣，渐渐成长为"遇事不决，先问科学"的科学少年。他能够用科学推理发现烧杯隐形的真相，

能够动手搭建录音棚，能够用化学反应从密室中逃脱⋯⋯科学给了他认识世界的基准，也给了他解决问题的办法。

而胖尼狗的零件收集和科学之印的进度，一方面成为米吴的使命和动机，另一方面也对他不断进阶的科学精神和行为提供了正向反馈。

在科普之外，我们也通过米吴的故事传达了一些人文思想，比如在保护南极的故事中，告诉读者破坏地球就是破坏人类生存的家园；又比如用孔融让梨棋告诉读者，人们不能一味地你争我夺，而要互助互爱⋯⋯

关于科学，关于这个世界，我们还有太多珍藏想和孩子们分享。《米吴科学漫话·启航篇》只是一个开始，我们未来会继续推出系列图书，并且在故事情节、画面陈设、科普知识等方面全面精进。希望科学少年米吴成为孩子们喜欢的形象，也希望这一系列图书能陪伴少儿读者快乐成长。

最后，感谢我们团队伙伴夜以继日的努力，他们分别是，

创作成员：吴末华、吴祥柏、郑兴、叶翔、周和珠、余珍、翁三妹、彭梓珩、陈少娜、欧阳瑞寅、徐晓帆、周珣；

漫画：李美萍、缪颖、王琦、林逸雯、许宏铭、郭瑱媛、林颖、邝秋阳、雷雨欣、黄洁如、蔡阳琳、魏涵；

编剧：宋金鸣、柳澄浩、马凤丽、张舒曼。

敬请关注"这不科学啊"

▶ 全网粉丝3000W+
少儿科普媒体

▶ 有趣好玩的科普内容
持续更新中

快来添加"这不科学啊"伴学顾问胖尼！

加入米吴专属科普社群

获取更多趣味科学知识